U0175136

DESIGN WISDOM

IN

小空间设计系列 II

BAKESHOP

烘焙店

(美) 乔·金特里 / 编 李婵 / 译

辽宁科学技术出版社
·沈阳·

SMALL SPACE II

CONTENTS 目录

BAKESHOP

烘焙店

设计：Five Cell 设计工作室
摄影：Ayuko 工作室
地点：波兰 华沙

24m²

如何为一家连锁面包坊打造共性与个性并存的形象

Przystanek Piekarniama 面包坊

设计观点

- 打造特色模型
- 灵活运用既定模型

主要材料

- 染色桦木胶合板

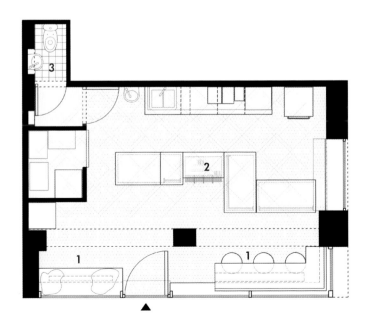

平面图

1. 座区
2. 陈列柜台
3. 卫生间

背景

Przystanek Piekarnia是一家连锁面包店，其品牌形象于2013年由设计师马切伊·库尔科夫斯基打造。

设计理念

每家店内都配备了品牌所特有的模块结构，其由染色桦木胶合板打造而成，根据店铺位置、面积以及高度而进行灵活使用，可用于天花或展示架，或者同时用作两种功能。

这是位于 Hoza 大街的分店，店内将此模块用作开放式悬挂结构，并通过四个层级展开。其中，整体结构包含 300 个元素，其中每一层级通过独特的排列方式进行组合。

陈列结构

较低的部分用作陈列功能，展示着店内待售商品。照明设计同样遵循空间主题，灯饰从天花模块结构上悬垂下来。另外，这一结构可以随着需求的改变进行拆卸重组。

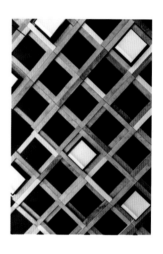

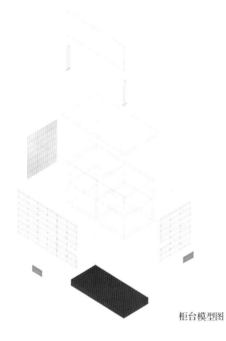

柜台模型图

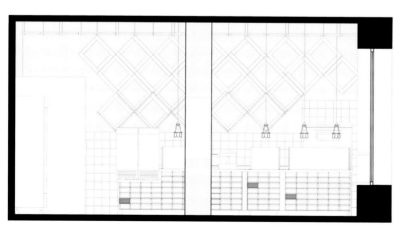

剖面图

设计：NINE 联合设计事务所
地点：意大利 拉齐奥

如何将老破小的空间改造成引人注目的面包坊
CIAMBELLERIA ALONZI 面包坊

设计观点

- 尊重品牌原有特征
- 灵活运用空间

主要材料

- 木材、黄铜

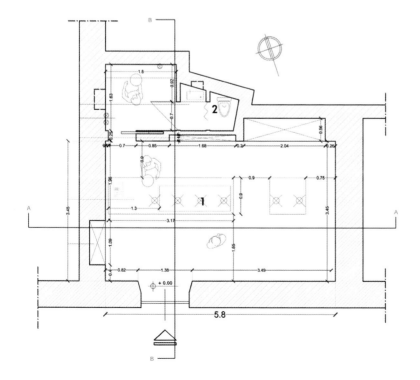

平面图

1. 陈列柜台
2. 卫生间

背景

自 1890 年 其 名 为 "CIAMBELLERIA ALONZI" 的食品公司一直致力于维护和传承传统手工烘焙食物的制作工艺。其中最为重要的即为一种源自中世纪时期的自制面包（ciambella sorana）工艺。

这是一家家族运营的公司，位于古老的萨拉镇中心，已经传承了 6 代人，其以手工制作为主要特色，不断提升产品的品质。

设计理念

这一项目的主要目的是将原有的、已不能满足发展需求的老旧空间进行彻底翻新，打造一个能够直接与顾客进行交易以及交流的空间。

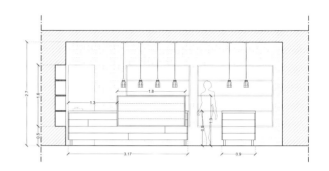

剖面图

鉴于原有空间面积十分有限，主要的整改工程以灵活运用及优化空间功能为基础，确保改造之后能够适应多样化的需求。另外，所有工作需在不改变空间主体结构及家具的情况下进行。

设计：lamatilde 设计工作室
摄影：PEPE 摄影工作室
地点：意大利 都灵

30m²

如何实现传统与现代的完美融合
卡塔琳娜烘焙餐厅

设计观点
- 选择现代风格元素
- 从传统特色中获取灵感

主要材料
- 马赛克、木材

平面图

1. 中央柜台
2. 座区
3. 陈列柜
4. 卫生间

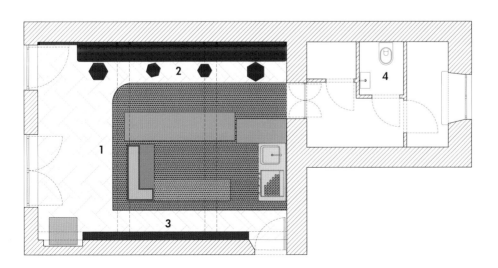

背景

这一烘焙餐厅以贵妇卡塔琳娜（Maria Catarina Operti di Cervasca）的名字而命名。她曾是一位修女，为了爱情而离开修道院。随后，作为一名厨师幸福地生活着。到了晚年，她再次回到修道院。 现在回来，用一家店铺来讲述她的故事。

设计理念

在这里，设计师透过恕罪的视角来诠释甜蜜——红色的滤镜与墙壁上的挂画结合，将其转化成带有引申意义的画面，在谦虚和挑衅的游戏中寻找平衡。

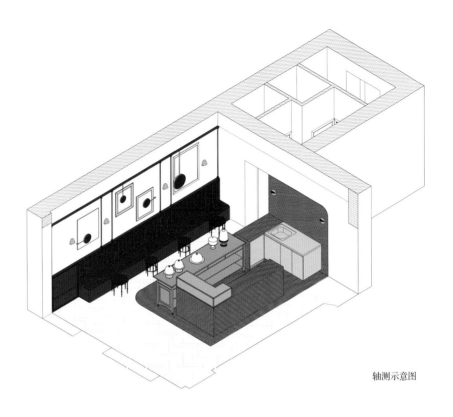

轴测示意图

店内，红色的软垫长椅格外引人注目，其灵感源自传统的闺房，实现了现代元素与复古细节的完美融合。历史风格的柜台与古老的壁画相得益彰，流线造型和现代结构自然地拼合在一起。与此同时，柜台又是一个独立的个体，犹如屹立在空间中央的小岛，马赛克饰面更为其增添了感性的气息。

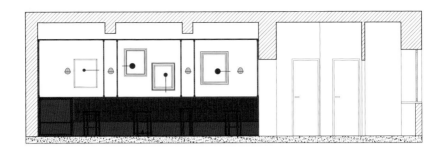

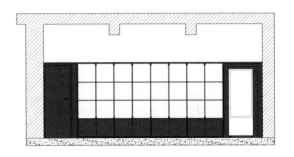

座椅靠背的板条造型赋予墙壁节奏感，同时使其看起来更加轻盈，并与陈列柜的垂直线条结构交相呼应。值得一提的是，陈列柜背部安装镜面，在视觉上增添了空间的面积，柔和的漫射光线则带来了些许温暖的气息。

立面图

设计：MK IDEES 设计公司
摄影：贝特朗·丰佩林
地点：法国 朗布依埃

33.5m²

如何将源自自然灵感的设计元素集结在狭小空间内

弗朗西斯糕点店

设计观点

- 采用多种造型及不同材料
- 巧妙运用色彩

主要材料

- 马赛克、水磨石、橡木

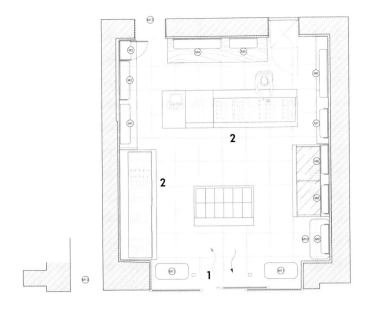

平面图

1. 出入口
2. 陈列区

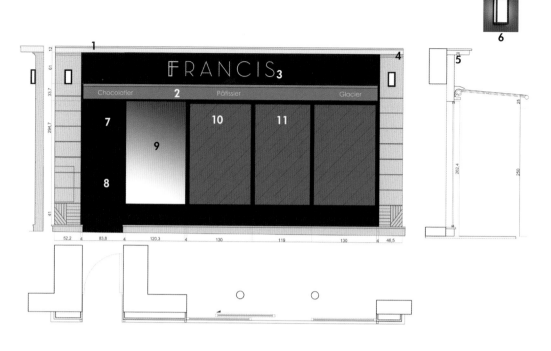

店面外观

1. 涂漆铝板条
2. 素色涂漆铝遮雨棚
3. 亚光漆铝招牌
4. 阶梯状檐口
5. LED发光条招牌安装孔
6. 铝制壁灯
7. 铝制通风格栅
8. 涂漆中纤板门
9. 金釉铝底座
10. 铝底座和夹层玻璃门框
11. 铝底座和夹层玻璃推拉门

鸟瞰示意图

背景

小店选址在巴黎市郊一个名为朗布依埃的小镇，其有限的面积为整体设计及施工过程带来了许多限制。

设计理念

小镇四周被壮丽的森林所环绕，其独特的景致也赋予了设计师许多灵感（如壁纸图案便来自于此）。此外，他们充分运用自然环境带来的优势，打造了一个与众不同的糕点店。

柜台正面采用摩洛哥风格马赛克瓷砖饰面，独特的造型用于突显店铺的新标识，受当地匠人制作的铜制标识影响而打造的冰激凌杯子形状更加引人注目。

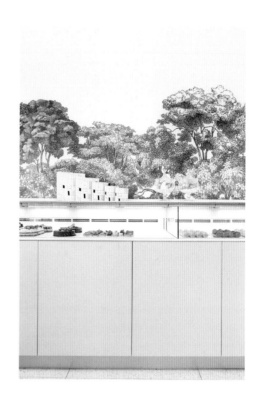

设计师巧妙地运用了各种图形元素，如拱形、圆形等，赋予空间柔和的特性。整体空间以淡雅色调为主题，点缀以亮丽的色彩，如金色，打造了浓郁的空间个性，并营造出低调的奢华感，但却丝毫没有掩盖糕点的风采。

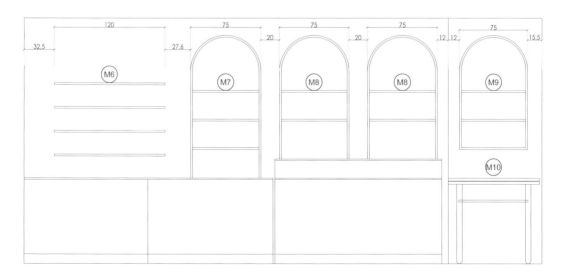

立面图

设计：达娜·沙克德工作室
地点：以色列 卡法萨巴
摄影：达娜·沙克德工作室

40m²

如何以最佳方式规划小店功能区

Nomily 烘焙店

设计观点

- 开放式布局，摒弃所有不必要的分隔结构
- 运用简单的装饰

主要材料

- 中纤板

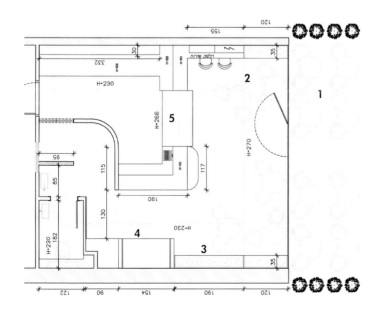

平面图

1. 室外座区
2. 室内座区
3. 陈列区
4. 蛋糕冷冻柜
5. 柜台

背景

这是一家法式糕点连锁店，供应各式糕点，继位于卡法萨巴的第一家分店，陆续在霍德夏沙隆和赖阿南纳开设分店。

设计理念

该店最初设计并不符合连锁发展趋势，因此需进行翻修。首先，由于不正确的划分方式，使得空间看起来比实际面积更小。不难想象，即便是一寸空间的不合理利用也会影响到整体效果，这在面积有限的店铺内更为明显。为此，设计师拆除了不必要的石膏间隔结构，将空间完全打开，宽大的玻璃窗将店内的一切一览无余地展露出去。

最终，整个店铺看起来更加宽敞、明亮，而且更加温馨。尤为重要的是，合理的动线设计让顾客能够更方便地选购产品，从而提升销售效率。

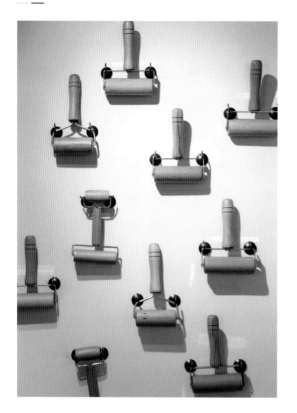

硕大的蛋糕冷冻室采用法式木作结构包裹起来，并放在收银台旁边，方便顾客选购商品，同时更不会占用座位区。

空间两侧安放了由中纤板材质打造的大型图书柜，并采用烤箱色饰面，底部为储物抽屉，上部设置开放的储物架。顶部顾客触碰不到的地方，作为一个存储单元。

空间的合理划分使得顾客座区得以增添，这对于如此小的空间是至关重要的——顾客坐在展示架的一边，直接提升了店内的销售。

在空间的右侧设计了一个吧台，专为那些匆匆赶来的顾客提供服务，他们或是来喝一杯早上的浓咖啡，或者拿一袋糕点在路上享用。

在主墙上挂着连锁店的标志，一个数控切割的棕色金属名称以及工业风装饰灯，格外引人注目。

走廊尽头挂着多个小擀面杖，提醒大家这是一个糕点店，你可以想象着墙那边的面包师、把面团放进烤箱之前将其擀开的忙碌场景。

木作结构色彩以及整个空间的色调与品牌的颜色相匹配。由于店主在法国生活了相当长的一段时间，因此其想要以跳棋形式出现的经典法式风地板。在这种情况下，设计师将品牌色融入其中，精心选择了芥末黄和巧克力棕色瓷砖。

空间里的其他墙壁都被涂上了细腻的奶油色，让人想起包裹着一切的面团，创造了一个轻盈、放松和愉快的氛围，不仅在视觉上更加宽敞，更营造出了亲密感。

设计：MK IDEES 设计公司
摄影：大卫·福赛尔
地点：法国 巴黎

43m²

如何营造超现实空间氛围

布兰格糕点店

设计观点

• 从传统糕点中获取灵感
• 选择特色装饰元素

主要材料

• 桦木、金属、白色卡拉拉大理石、手工瓷器

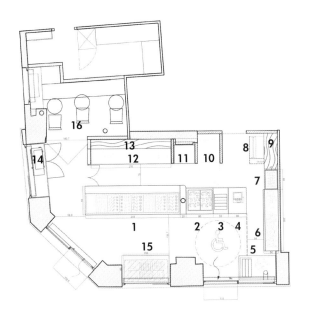

平面图
1. 冷藏陈列柜
2. 面包干燥柜
3. 蛋糕柜
4. 收银台
5. 特色面包展示柜
6. 面包陈列墙
7. 面包陈列柜
8. 面包切片区
9. 橱柜
10. 冰柜
11. 自助饮料区
12. 对开门冷藏柜
13. 橱柜 + 隔板展示区
14. 空调机房
15. 马卡龙陈列柜
16. 品尝区

背景

这家小店在当地声名远扬,因主打产品"闪电",一种长条形状的传统法式糕点而备受欢迎。亮丽的红色店面更是格外引人注目。

设计理念

长条造型(类似于药片形状)成了整个设计的主题,被充分运用到家具、装饰物以及手工定制的瓷砖柜台饰面上,让人眼前一亮。

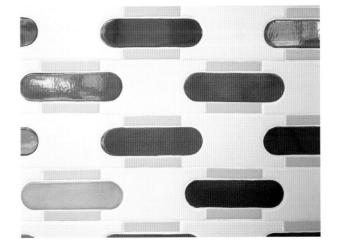

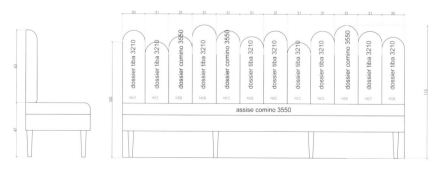

沙发示意图

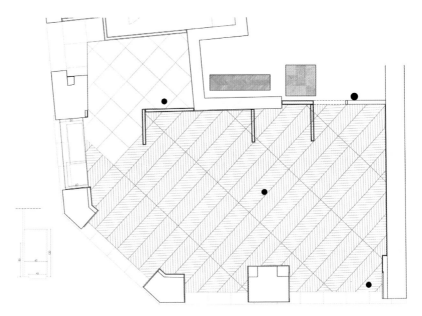

地面示意图

店内最大的特色即为超现实主义风格，如蓝色天空上悬浮着的白色网状云朵装饰，以及镌刻在石器上破土而出的热带植物装饰。

设计：九联合设计事务所（NINE ASSOCIATI）
地点：意大利 弗罗西诺内
摄影：亚历桑德鲁·宗潘蒂

45m²

如何将咖啡与烘焙功能完美结合

35GRAMMI 咖啡烘焙店

设计观点

- 通过色彩和材质营造视觉连续感
- 亲自设计装饰图画

主要材料

- 灰泥、混凝土

平面图

1. 就餐区
2. 柜台
3. 卫生间
4. 厨房

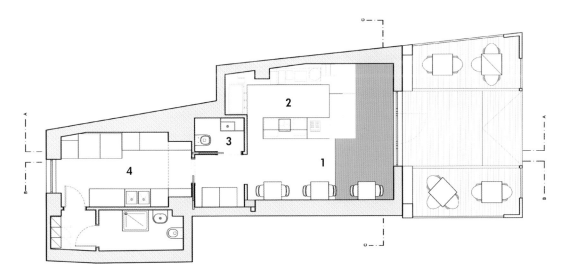

背景

意大利建筑事务所"NINE"操刀设计了位于弗罗西诺内商业区的第一家羊角面包店与咖啡馆,其着重强调色彩与品牌策略。

设计理念

在意大利,羊角面包与卡布奇诺可以说是一对餐点伴侣,因此客户要求打造市内第一家结合二者的饮食空间。基于这一背景,设计师构思了"双面空间"理念,凸显品牌特色的同时诠释空间设计。

设计师意图呈现一种全新的、热情洋溢的服务模式,赋予空间双重功能的同时,让其在不同的时间点都能突显出自身的特色。

店内所有的家具都是由设计师亲自设计，并委托当地知名家具公司定制完成。其与空间整体氛围、色调、装饰画（设计师绘制）等共同营造了视觉连续性。与此同时，鉴于空间面积有限，所有家具尺寸全部精心设计，让空间看起来更加开阔。

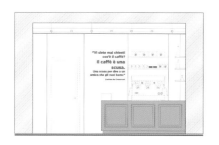

柜台剖面图

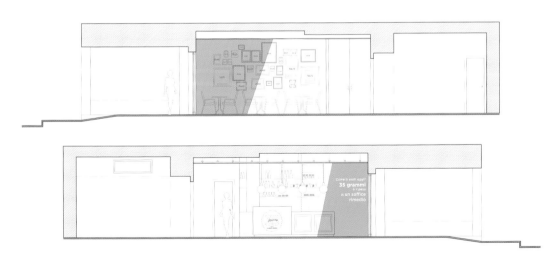

剖面图

设计：ADD 建筑事务所
摄影：镜子摄影工作室
地点：希腊 阿拉霍瓦

45m²

如何在面包店内营造出温馨的居家氛围

甜蜜花园

设计观点

- 注重色彩搭配
- 选用多种材质

主要材料

- 石块砌筑、木材、金属板、大理石

平面图

1. 陈列柜台
2. 备餐区
3. 座区

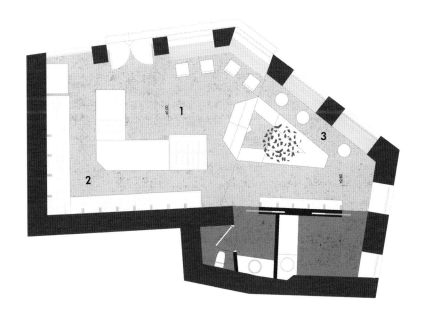

背景

这是一家概念店，由 ADD 建筑事务所操刀设计。建筑原有立面框架被完全取代，透明的玻璃结构将店内食物一览无余地呈现给路过的行人，吸引着他们走进来体验美食之旅。

设计理念

店内供应甜点、面包、咖啡和冰激凌，因此客户要求打造一个能够完全适应阿拉霍瓦炎热的夏季和寒冷的冬季的居家般的温馨环境。

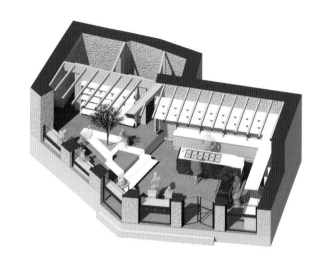

轴测图

水平陈列架漆成白色，通过垂直的木质假梁结构进行分隔，与天花上的木梁结构相互呼应。陈列架构成了空间的前景，在备餐区和休息区之间建立了关联。陈列柜的底部采用绿色大理石覆面，在斑驳的水彩画的衬托下，更加引人注目。同时，绿色调的加入更为整个空间带来了平和的气息。

顾客走进店内，视线会自然被引入到绿色橄榄树和绿色大理石上，悄无声息地制造了视觉上的默契感。医用胶带的使用方式被引入到窗框、陈列柜、座椅以及白色陈列架上，突出了材料运用的多样性以及呈现的不同效果。安装在假梁结构上的聚光灯打造了强烈的空间节奏感，纤细的黑色光束沿店铺横向轴线随意排列，打破了水平方向上的连续视角，但却为整个陈列区提供了额外的照明。呈三角形阵列悬挂青铜色聚光灯照亮了座区中央，用光线再一次突出了其浓烈的存在感。

店内，原有的砖石砌筑结构被保留下来，在光线的照射下营造了一个柔和但别具特色的空间背景。屋顶木梁恢复到原来色调，而其他木板色调则被淡化，以突出支撑结构和其他部分的区别。木梁横截面在长度上经过特殊设计，从而增添了空间的视觉面积。整体空间被分割成具有0.5米落差的两个部分，分别为活动区和休息区。台阶作为两个区域的连接结构采用白色喷漆钢板打造而成，缓缓地悬浮于地面之上。同时，台阶一直向上延伸，最终形成了一个三角形结构座区，中心部分种植着一棵小小的橄榄树。这一设计源自希腊的"estia"概念，意为空间的中心，也是家庭成员聚集的场所。而橄榄树则直接引自德尔福古老的土地及其著名的景观设计。整个座区呈现三角形轮廓，中空结构采用白色石块填充，营造出强烈的视觉动感。

设计：独荷建筑设计（Studio DOHO）
平面图设计：格雷森·斯托林斯
地点：中国 上海
摄影：M2 工作室

50m²

如何打造一家美式复古风格店铺

Pie Bird 饼店

设计观点

- 运用恰当的材质和色调营造复古氛围
- 巧妙运用图案

主要材料

- 木质壁板、瓷砖

平面图

1. 吧台区
2. 柜台
3. 备餐区

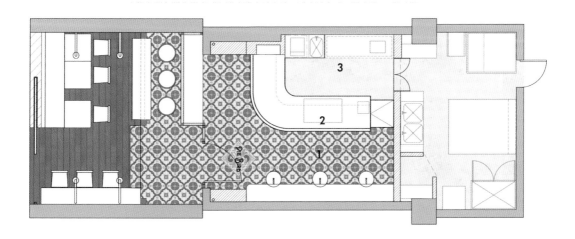

背景

Pie Bird 是一家位于上海市静安区的复古风格的美国手工馅饼店。这是一家现代版的经典美国街角店，柜台上传统的木制壁板和暖色色调构建出一种复古和迷人的氛围。

设计理念

Pie Bird 这个名字的灵感来自传统制作馅饼时放在中间防止馅饼坍塌的陶瓷鸟。这个鸟也可以让蒸汽散发出去，它在馅饼制作完成时会发出汽笛声。

在设计小型空间时，地板和天花板是重点。
地板砖定制图案的灵感来自馅饼的形状，
入口处有一个定制的马赛克LOGO。对于
经典天花板的现代演绎通过金尖和阶梯化
的边缘细节突出了弧形拐角。墙上的木纹
巧妙地暗示了馅饼皮的边缘，完整构建了
这个小店的安逸舒适感。

剖面图

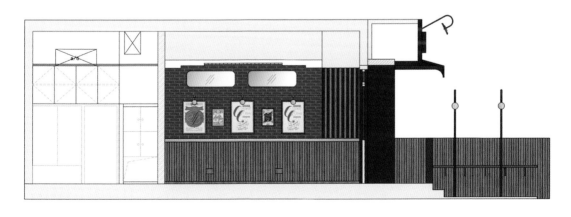

立面图

设计：Eduardo Medeiros 建筑室内设计事务所
摄影：埃德加·凯撒
地点：巴西 戈亚斯

52m²

如何通过特色设计打造引人注目的空间
Duju 糕点店

设计观点

- 从品牌标识中寻找灵感
- 在整体空间中运用统一元素

主要材料

- 木材、金属、粉色织物、粉色丝绒

平面图

1. 就餐区
2. 柜台

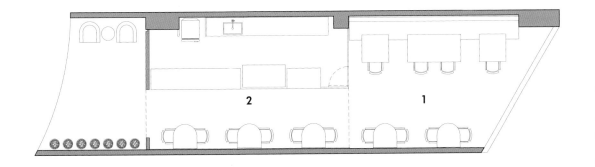

背景

客户需求打造一个具有浓郁身份特色且引人注目的空间，同时又具有平静舒适的氛围。主要挑战即为如何创造这种独特的身份，让人们只通过设计便可识别这个地方。

设计理念

设计师从品牌标识中寻找灵感——在店名"Duju"中，字母"u"的设计非常醒目。受到这一启发，设计师以此为原型，打造了一系列的元素，如拱形样式的入口、别致的边桌、从墙壁一直延展到天花的木结构、包裹整个销售区的瓷砖结构。即使在家具设计上，也巧妙运用了这一造型，如沙发靠背和座椅。

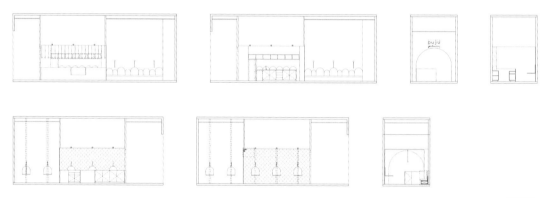

剖面图

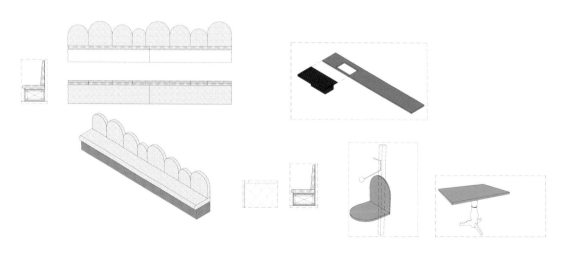

桌椅示意图

设计过程从空间动线规划开始，一侧放置桌椅，另一侧设置销售区，天花高度被特意拉低，以营造出亲切的氛围。硕大的粉红色沙发以及挂着剪贴画的墙壁都起到了装饰作用。配色方案以极简风格为主，粉色系作为主体，大面积运用到墙面和家具上。灯饰是特别设计的，壁灯和黑色的吊灯形成了鲜明的对比。

为增添更加人性化的气息，设计师尝试多种不同的互动方式，例如邀请不同的人作画或者留言，然后使用木画框裱起来，悬挂在墙壁上。另外，他们还特意在墙面上挂上空白的木画板，然后让顾客现场参与到创作过程之中。顾客自己绘画的意图是以这样一个原则为基础，既不仅在视觉上给人留下深刻的印象，更在空间体验上带来更大的惊喜。当人们对建筑的形式和使用功能同样感兴趣时，那么建筑就能拥有最大的价值。

这一设计实现了极简主义和柔和色彩之间的过渡，线条简洁明快。浅色的木头与家具的黑色细节形成了鲜明的对比。

设计：Studiomateriality 设计工作室
摄影：艾琳娜·莱法
地点：希腊 雅典

52m²

如何打造一间充满现代化气息以及
艺术氛围的面包坊

粉褐色面包坊

设计观点
- 采用了专门定制的笑脸灯箱以及厨房用具
- 大量运用定制元素

主要材料
- 木材、瓷砖

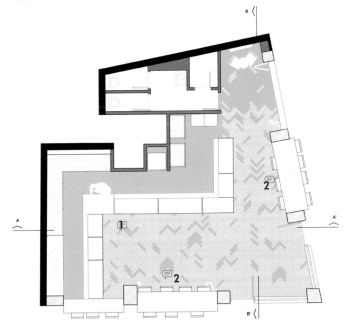

平面图

1. 陈列区
2. 就餐区

背景

设计师将一间位于雅典中西部的传统面包店重新装饰，将其改造成一家极其时髦的面包房．这里同时兼具法式西点与咖啡店的功能，为每位进店的客人点亮他们一天的生活。

设计理念

面包店地处繁忙市区，这也成就了其品牌身份。设计的目的即在繁忙的工业化街区中演奏出欢乐的音符，希望为附近工作的人们带来一丝轻松愉悦。无论是口渴还是肚子饿，唯一一点可以确定的是，快乐就像是做蛋糕一样——一定要将所有材料以正确比例混合在一起。

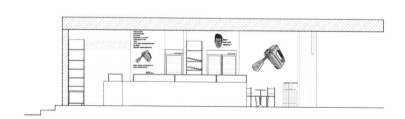

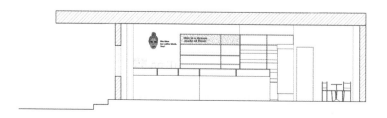

立面图

木制地板的粉色细节以及墙上插画的浓烈色彩共同营造出一种热情的空间环境。在这里，所有的东西都以完美的比例融合在一起。白色的墙壁上面写着有趣的语录，进店的顾客一眼就能看到，展现了设计师的幽默与审美，同时也使得店内气息变得更加轻松愉悦。

设计师所采用的方法不仅仅局限于空间。实用又时髦的定制工作服、带有品牌标识的咖啡杯以及其他林林总总的设计无不展现了这是一个对无限可能性不断探索的项目。

Hey!
Are you
thirsty?

pink brown

pink brown

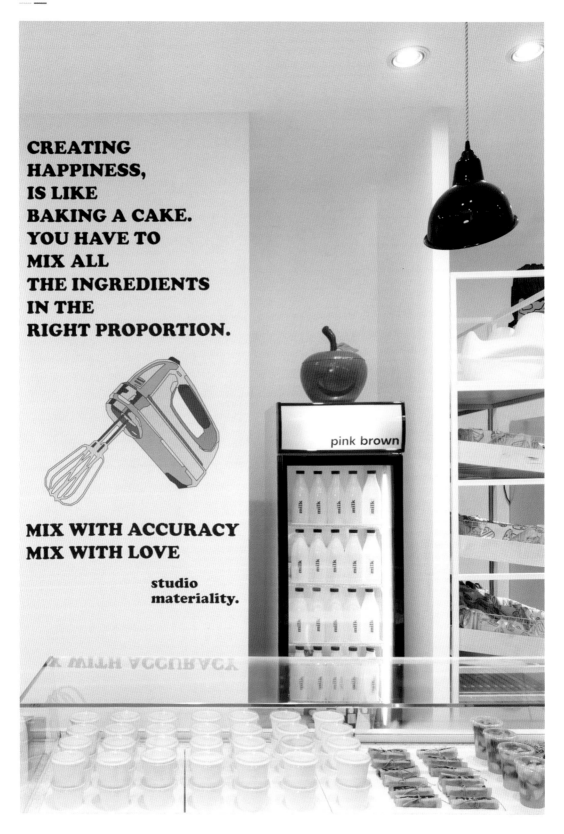

CREATING
HAPPINESS,
IS LIKE
BAKING A CAKE.
YOU HAVE TO
MIX ALL
THE INGREDIENTS
IN THE
RIGHT PROPORTION.

MIX WITH ACCURACY
MIX WITH LOVE

studio
materiality.

pink brown

studiomateriality 负责兼室内与产品设计师 Miltos kontogiannis 说："对于所有项目，我们都是从潜在客户的角度尝试思考问题。我们希望为消费者们打造一个完美的清晨体验，这样他们就能够以最愉悦的方式来迎接他们新的一天。对于不同项目，我们都是以快乐开心为出发点。然而，对于这次的项目我们尤其偏爱，因为我们必须考虑将一个面包房的清晨与咖啡店的开放性以及法式西点的优雅结合在一起。"

TRAVELLING 5,000KM
FROM JAPAN TO VIETNAM

BAKE

CHEESE TART

设计： 07BEACH 设计事务所

摄影： 广之冲（http://deconphoto.com/）

地点： 越南 胡志明

69.6m²

如何赋予烘焙店全新的价值

烘焙（BAKE）糕点店

设计观点

● 运用现代方式演绎传统材料

● 注重色彩和照明设计

主要材料

● 混凝土、玻璃、砂浆

平面图

1. 产品陈列区
2. 收银台
3. 制作区

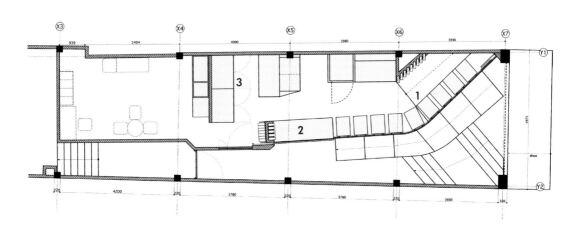

背景

烘焙（BAKE）致力成为一家高端的烘焙糕点制造商，体现日本卓越的饮食传统，同时提升大众对其的认识与了解。其不断在海内外扩展，以创新精神、超高品质以及美好味道为目标，不断吸引大众的关注。

设计理念

客户不断开发全新的商业模式，以期为产品注入全新的价值，这在传统的以工匠精神为主导的产业中是前所未有的。例如，他们提供照片定制蛋糕，这在以前肯定是无法实现的。

他们不仅仅致力于供应美味的糕点，更乐于通过将设计、服务与技术联结在一起，为大众带来更多的乐趣。

顾客在垂直方向排队等候

糕点店场址与空间具有一定的特殊性——其面向街道且具备双层高度。台阶从入口一直延续到收银台，向路人展示排队等候的顾客队伍。值得一提的是，糕点陈列桌也呈阶梯状设置，别具特色。

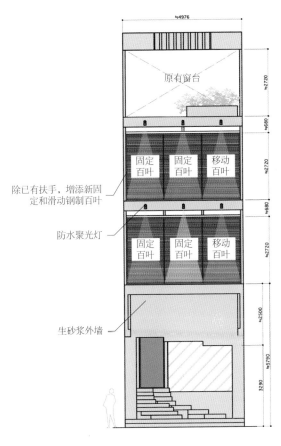

原有窗台

≈4976

≈2720

≈680

固定百叶　固定百叶　移动百叶

≈2720

除已有扶手，增添新固定和滑动钢制百叶

≈680

防水聚光灯

固定百叶　固定百叶　移动百叶

≈2720

生砂浆外墙

≈2500

≈5790

3290

外观立面

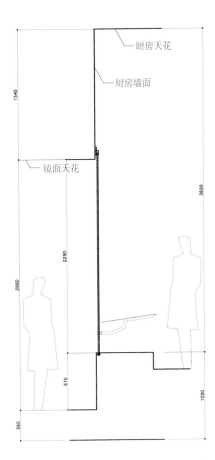

厨房天花

厨房墙面

1540

镜面天花

3830

2290

2960

670

1030

360

剖面图

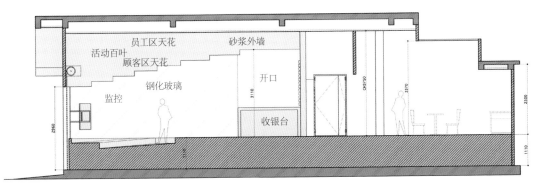

员工区天花

砂浆外墙

活动百叶

顾客区天花

开口

钢化玻璃

监控

收银台

2960

CH3750

3370

2500

3110

1110

1110

剖面图

玻璃陈列台

客户要求能够让顾客清晰看到售卖区内的场景,以避免在顾客和员工之间营造视觉屏障。为此,设计师采用螺栓固定玻璃托盘来展示商品。

阶梯状镜面天花将店内商品展示给路人

如何将商品展示给路人对于糕点店来说至关重要。由于店铺平面高于街道400毫米,因此从街道上只能看到部分产品。为了弥补这一空间上的缺陷,设计师专门打造了阶梯状的镜面天花结构。

售卖区玻璃墙面内侧光线特意设计得更加明亮，营造出舞台般的效果。与此同时，明亮的光线使得陈列结构投射在地面上的阴影更加突出，打造出了悬浮质感。内侧"渗出"的光线用于照亮台阶，使得台阶上的光影更加显眼，引领着顾客走向店铺深处。

由于材料和劳动力预算有限，同时也缺乏来自日本的优质的现成产品，设计师试图通过采用复杂的手工制作饰面来打造原创的内饰，这需要花费大量的时间和精力或丰富的天然材料，如木材或石材。不过，这也为他们提供了一个很好的机会，采取不同的设计方法，在颜色或材料的限制下去创造。

设计：无锡南筑空间设计事务所

主创设计师：姚伟国、王海、苏阳（室内设计），陈莹（艺术陈设）

摄影：陈铭

70m²

如何打造令人耳目一新的街角小店

河 岸 制 果

设计观点

- 摆脱周围背景环境的限制
- 以"街角生活"为理念

主要材料

- 老木板、白瓷砖、硅藻泥、钢板喷塑

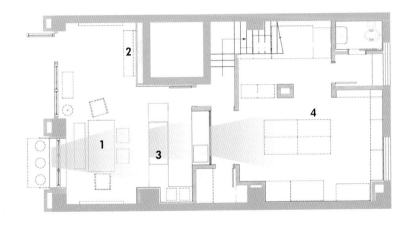

平面图

1. 手工操作台
2. 面包陈列柜
3. 蛋糕柜台
4. 厨房

背景

河岸制果位于无锡市一处老居住社区的临街处，以制作烘焙为主，项目以简洁明了的设计手法使其跳脱于原本街区的平凡印象，带来别样感受。

设计理念

设计以白色和木色作为基调，与周边的环境剥离开来，大部分的留白像一张动态的画布，记录经过的人物和树丛的光影。

临街的入口与窗台的材料以木头为主，以"街角的生活"作为理念。通透的设计让走廊也具备了日常休憩的功能，实现了内外空间的交融。

平面为长方形，中段被电梯井借用了空间，
布局以收银区划分接待间与操作间，明确
了功能。

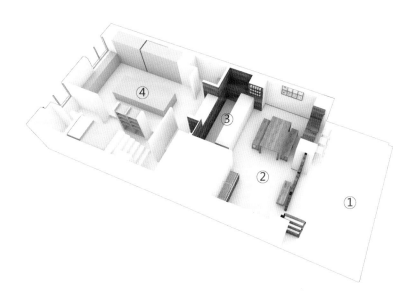

分析图

1. 走廊
2. 接待区
3. 收银区
4. 操作间

室内以嵌套的不同材质的界面划分了功能区域，接待区具备社交的属性，收银吧台以一个明确的方式区隔开来，而内部的操作间则以半开放的方式与前端结合，材质与颜色的对比使空间具备了多维度的延伸感。

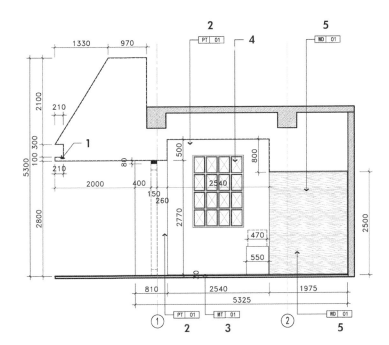

立面图

1. 暗藏回光
2. 白色乳胶漆
3. 黑钛不锈钢
4. 植物标本
5. 木饰面

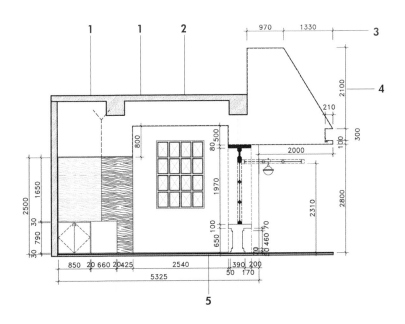

立面图

1. 木饰面
2. 白色乳胶漆
3. 水泥板外涂白色涂料
4. 暗藏回光
5. 黑钛不锈钢

设计：MODO 建筑设计公司
地点：意大利 利沃诺

如何在都市氛围中营造出怀旧情怀
星星面包坊

设计观点

- 打造融合大众面包坊特色的空间
- 精心选择材质营造温馨氛围

主要材料

- 白色瓷砖、木材、工业风架子

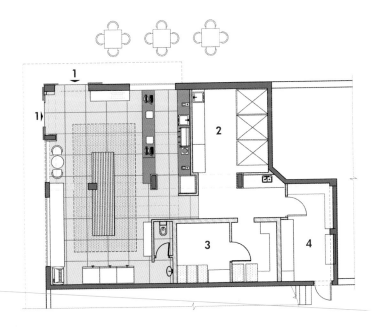

平面图

1. 入口
2. 厨房
3. 冰柜
4. 存储区

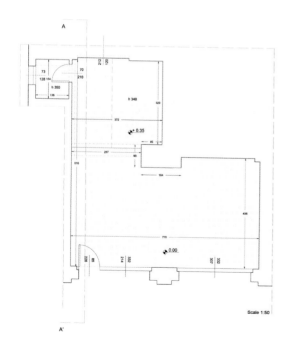

原有平面图

背景

星星面包坊位于利沃诺市中心格兰德广场（城市的主要广场之一）通往市政广场的大街上，这里是一个非常热闹的旅游区。通过一个门廊即可到达店铺的入口，这也是整栋建筑店面的特色。带有遮雨棚的通道为面包坊延伸到室外提供了可能性，以便于扩大店铺整体面积。

设计理念

以前，在利沃诺市中心有一条路，人们走在拱廊下，突然就会被新鲜烤面包的味道所吸引。孩子们手里拿着一些硬币跑去要"夏夏塔"（schiacciata，托斯卡纳古早面包），大人们闭上眼睛，回忆起他们的童年，每个人都叫着店老板的名字，面包坊就像家一样。

设计师深受这一概念的启发而打造了这家面包坊——一家坐落在利沃诺市中心既有都市气息，又有纯粹的怀旧情怀的面包空间。

曾经这里是一家服饰店，仅有一个大房间，黄色的墙壁、定制地毯以及复合地板构成了空间的全部特色。

设计师尝试在室内外之间建立关联，并将其作为工程的起点。为此，原有地板饰面被清除，美丽的帕拉第奥式老地板重现生机。另外，专门邀请的当地艺术家对其进行饰面，别具特色。另外，这一地面装饰也成了门廊和面包坊之间的"黏合剂"，为整体环境增添了丝丝的古老韵味。硕大的窗户变成了基础结构，透过这里可以看到面包坊内化身演员的顾客的身上散发出的青春与活力。

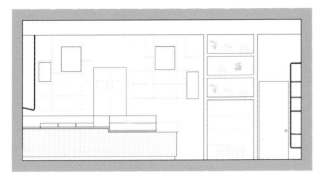

剖面图 A

店主要求创造这样一个空间——能让顾客可以享受精心准备的产品并能突出来自托斯卡纳地区特色产品的面包坊。设计灵感来自意大利以外的面包坊，人们可以买到面包、比萨，以及坐在舒适的环境中享用他们的空间。小小的店铺以及家庭管理的经营模式让人不禁想起家里自制的原汁原味面包。为此，设计师重新规划了空间，以满足全新的需求。最终确定了两个主要区域：其一为技术区域（制作间、更衣室、浴室），其二为公共区域（柜台、卫生间、展示区、顾客座区）。

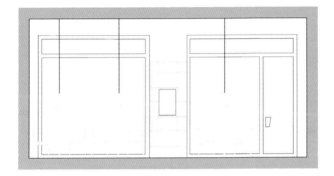

剖面图 B

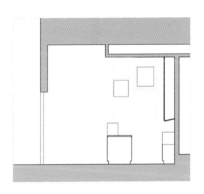

剖面图 C

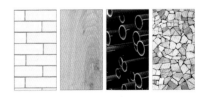

材质（白色瓷砖、木材、铁、大理石）

SALA DI ATTESA

设计：COLLIDANIEL 建筑师事务所（www.collidaniela.com）
地点：意大利 佛罗伦萨
摄影：马蒂奥·皮亚扎

76m²

如何通过设计实现品牌与场所的互动

VyTA 面包店

设计观点

- 尊重原有古老建筑特色
- 引入现代风设计手法

主要材料

- 铜、意大利大花绿、木材、玻璃丝印条纹粉色镜面、ViabizzunoLED 灯、
  Pentagon 落地灯、白色玻璃及铜制壁灯

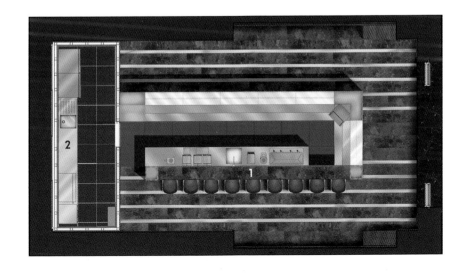

平面图

1. 吧台
2. 厨房

背景

VyTA 面包店选址在圣玛利亚火车站原贵宾等候室内，COLLIDANIEL 建筑事务所负责室内设计工程。圣玛利亚火车站建于 20 世纪 30 年代，由意大利建筑师乔瓦尼·米凯路奇设计，是意大利理性主义建筑的杰作。

设计理念

圣玛利亚火车站已被列为保护建筑，因此 VyTA 面包店的设计无疑面临着巨大的挑战。客户要求注重场所与品牌的互动，为顾客营造独特的体验，同时能够全面展现品牌特色。

意大利大花绿台面饰面的柜台和体形纤细的凳子以一种独特的姿态欢迎着每一位顾客的到来，让他们能够在就餐的同时观察店外车站内匆忙赶路的人群。

翻转的 L 形结构（粉色饰面的铜材打造）集功能性和美观性于一身，悬挂在柜台的上方，为照明和装置提供了栖身之所。从功能上来说，其可用作隔断，打造流畅空间，增加亲密感和实用性，让顾客远离火车站的嘈杂与喧嚣。从美观方面来讲，其独特的纹理与质感带来愉悦的视觉体验，薄薄的铜板交替拼接而成别致的造型，特色十足。

由绿色镜面覆盖的平行表面将面包制作空间隔离开来，通过交替放置的镜子和玻璃装饰条在视觉上扩大空间，并遵循地板设计中运用的历史主题。柜台上覆盖着粉红色的镜面，上面装饰着精致的条纹图案，似乎从意大利大花绿地板上生长出来一般。

设计：城市心灵设计公司
地点：英国 伦敦
摄影：基姆·鲍威尔

80m²

如何打造一个开放式的烘焙空间

Ergon 面包坊

设计观点

- 巧妙利用现有空间格局特色
- 注重空间划分

主要材料

- 大理石、木材

平面图

1. 柜台
2. 座区

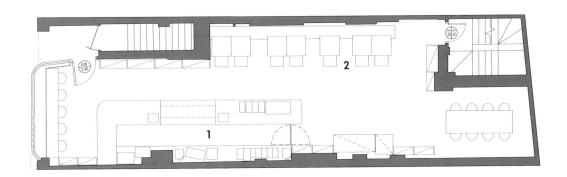

背景

这家全新的面包坊位于距离著名摄政大街不远处的马克多斯大街上，其独特的地理位置要求必须突显品牌独特的风格。

设计理念

设计理念即为打造一个开放式空间，致力于向顾客销售新鲜出炉的产品。其侧重点即为体现一对一的销售模式，为此设计师在空间规划上花费了很多心思。

空间格局是伦敦市中心区典型的底层商铺样式，入口退后，休息区位于空间后侧，中心岛台位于前方，从街道上即清晰可见。墙壁用于设置陈列架，其与岛台之间用作行走动线空间。越向后侧空间越宽敞，休息区内沿着墙面摆放着一张布道风格长桌，两侧放置座椅。陈列架采用白色金属棒和木材打造而成，沿墙而立。

空间及材质色调均以浅色为主，如白色木材、白色大理石，这些都与白色的外观交相呼应。这一设计理念是为遵守摄政大街的整体规划，既要突显自身特色，也要与周围店铺保持一致。

t | brood | patisserie | lunch | Dimitri's bot
VLAAMSCH
vb
BROODHUYS
BAKER'S CAFÉ
VLAAMSCH
vb
BROODHUY
Holland
1967
Holland
1967

设计：99 设计公司（www.ninetynine.nl）
地点：荷兰 阿姆斯特丹
摄影：爱沃特·胡博思（www.ewout.tv））

如何通过设计提升品牌形象

VB 面包坊

设计观点

- 简单的黑白色调
- 简约的造型与低调的材质

主要材料

- 墙壁——白漆木板、声学用途穿孔胶合板、灰色漆、白色瓷砖
- 地面——烟熏纹理橡木
- 照明——复古球形玻璃灯

平面图

1. 座区
2. 柜台
3. 卫生间

背景

VB 面包坊建立于 1996 年，并逐渐发展成为一家拥有 100 多名员工的公司。2018 年 10 月，开设了其第 15 家分店。所有产品都是其统一制作，然后配送到不同的店面。

设计理念

主要设计理念是为其美味的产品打造一个完美的展示空间，并使其成为主角。

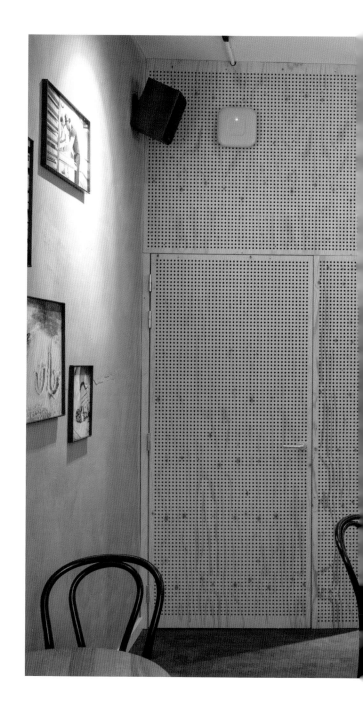

整体配色方案以黑白为主，让面包成为空间的主角。后侧墙壁上的白漆板条表面、黑色的钢制桌子与架子为多彩的面包营造了一个完美的背景。沿窗悬挂着的钢架用于向街道上的行人展示部分产品。钢材面包桌与独立的橡木板条饰面的糕点冷柜并排摆放。收银机放置在一块采用回收木材饰面的台面上，临近的生钢陈列柜上展示着能够引起顾客购买冲动的产品。咖啡柜台设置在最后侧，上面摆放着一台拉玛佐科咖啡机、两台研磨机以及陈列在橡木砧板上的各种糕点。柜台采用黑色板条装饰，并配有大理石工作台面。紧凑的厨房内配备了一个不锈钢操作台，沿着瓷砖砌成的后墙还有一张独立的橡木桌子。桌子上方悬挂着铜制厨具架，集功能性和美观性于一身。

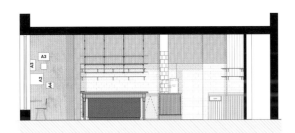

剖面图

休息座区内，地面采用烟熏橡木拼花地板铺设，天然橡木或白色大理石制成的小方桌和小圆桌搭配沿窗的两张高桌子共同营造了温馨的氛围。灰色漆料粉刷的后墙上悬挂着许多相框，装裱有面包店和产品的黑白照片。卫生间采用穿孔胶合板覆盖，为座位区增加了丝丝额外的温暖。七个随机放置的玻璃球形灯照亮了座位区，而定向聚光灯则用于突出产品。

设计：东荷逸品空间设计
地点：中国 济南
摄影：华子（清歌传媒）

82m²

如何在确保空间功能的同时呈现艺术性

一客小点

设计观点

- 深刻理解店主喜好与个性
- 巧妙运用色彩与光线

主要材料

- 大理石、木格栅

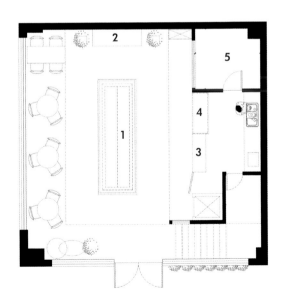

平面图

1. 面包中岛
2. 蛋糕柜
3. 收银台
4. 展示柜
5. 裱花间

背景

一客小点女主人濛姐是一位因女儿而初识
烘焙的女子，厨房是她的舞台，翻遍专业
书籍、报西点班、死磕研磨，甄选每一种
原材料，挑剔每一道步骤。化身厨娘是她
最快乐的时刻，做最甜蜜的手工蛋糕，过
最乐活的生活。"自然，是我最美的心意。"
这是一客小点的态度，简朴却诚挚。初见
便足以让人心生清新，唇齿向往。

设计理念

一客小点作为商业空间设计，它应该创造
无形的销售点和品牌价值。情感不管是
"表"还是"里"，都要从某个群体、以
人的视角和感受，为空间增加愉悦度和归
属感。黑格尔说，用感性的形象去显现真
实。商业空间虽自有其功能性基调，但无
疑也有生发自主人气质和情趣的艺术性。

细长的木格栅将楼梯间与室外隔断，拾级而上的旋律若隐若现，四时不同的光乍明乍暗，是朦胧而有趣的仪式感。最纯净的白，最天然的木，若如初见，天真作少年。自然是最伟大的设计师，而光是它的使者，向大自然借一道光。光影从木格栅的缝隙洒落，有种豁然开朗的通透，与楼梯间绽放的花朵不期而遇，招呼上芬芳纯净的花香果香，催化出最美好而笃定的温柔。

自然的美意处处烙印，是设计的小心机。素色的简约，真诚的手作，没有附加任何矫饰，恰是最不欺人的朴拙，保其天真成其自然，最是调戏味蕾，撩拨心弦。

如果说私宅是主人气质的表现和升华，偏重考虑业主的个人纯粹喜好，那么商业空间则是一个群体的属意。对视甜品为最佳治愈的小仙女们来说，在兼顾功能性的同时，美貌才是正义。没有什么比马卡龙的粉嫩更能引发少女情怀了，一瞬间点燃女孩内心深处最纯洁美好的一面。

每个空间都有其自然代码，善于与沉默不语的空间对话，才能发现它与生俱来的各种小情绪。复行数十步，豁然开朗。一客小点坐落于二楼的平台，有遗世而独立的幽静，一整面落地窗的存在，是它与外界最婉转的寒暄。

即使最小的空间，也有最精致的功能切割。兼顾动线的简洁和心灵的契合，让不同消费者置身其中，感受不同的情境体验。为商业空间注入生活的温度，这是设计师将艺术嫁接于功能之上，然后呈现出的生活美学。

设计：继景设计

设计团队：范继景、林利达、汪吟萱、宋万洋

地点：中国上海

摄影：洛唐建筑摄影

89m²

如 何 通 过 新 奇 的 设 计 诠 释 传 统 烘 焙 理 念

山崎面包店

设计观点

- 打破传统品牌形象
- 注重营造视觉和感官体验

主要材料

- 预制麻石、金属、橡木板、有机玻璃、涂料

平面图

1. 产品售卖区
2. 柜台
3. 厨房

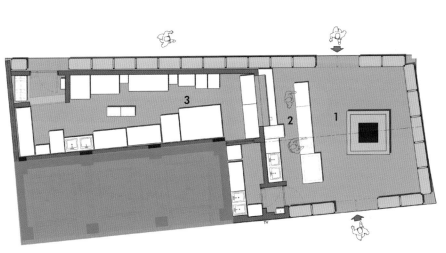

背景

山崎面包（Yamazaki）是一家日资面包店，
自制面包、西饼等，2004 年入驻上海。
Jin Design Studio 应邀为其设计上海尚嘉中
心久光店。

设计理念

设计师希望在网红盛行的魔都，通过设计
让传统的山崎面包吸引更多的消费人群，
让更多的年轻人去接受这个品牌。

为了削弱面包柜体的体量，又能保持展示区的连贯性，横向结构的层板，很好地使整个面包店铺得到一个延伸和展示功能。创造出一种被面包包裹的感觉，使其独立出商场多样而又复杂性的环境，成为整个商场视觉中心的焦点，从商场主通道的任何一个角度都可以望见飘浮的面包。所有承载面包柜的竖向结构均被最小化，远看面包柜像飘浮在空中。

一种面包箱体演变成层板及植栽槽、收纳柜、盘夹柜,并设置几组不同的高度。

面包柜的开口因为客人选购时不同的视线而被区别对待。在儿童视点的高度,设置儿童区箱体,放置适合小孩子口味的面包两块侧板设置卡通图案(如日本漫画中出现的卡通图案一样)。将上面盖板往内退,做成斜开口的方式。同时箱体背板和盖板互相连接处做成一块超透玻璃,更大程度的展示放在箱体内的面包。小孩子选购甜甜圈时的快乐,也被反映在其中。

选取米色石材，贴满整个墙面、地面。正
如在制作面包的过程中，奶白色的面粉撒
上芝麻粒，从视觉的感官程度中能更好地
激发消费者的购买欲望。

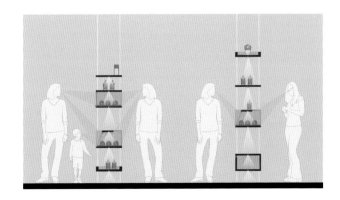

设计：合肥青水空间设计工作室
地点：中国 合肥
摄影：张雪珂

89m²

如何通过设计手法打造承载永恒记忆的空间

AN Cake 蛋糕店

设计观点

- 巧妙并重复运用三角造型
- 选择带有特殊记忆的色彩

主要材料

- 金属穿孔板、防火板、水磨石地砖、瓷砖、艺术布

平面图

1. 就餐区
2. 柜台
3. 操作间
4. 库房

背景

城市街头，午后时光，满足味蕾，生活的不愉快往往因为一份丝滑香甜的蛋糕就可以烟消云散。味道是永恒的记忆。这种记忆是简单又有符号感的……

设计理念

初次沟通中了解到业主希望有着七年品牌沉淀的 AN Cake 能让顾客记住每一份甜品带来的美好与甜蜜。所以设计之初希望能够将 AN Cake 转变成一种永恒的符号记在心中。设计师将"A"字母符号抽象为三角形，三角形是极其稳定又个性的符号，就像走过七年的品牌坚持长久；同时它也是变化的，有多种角度多种层次，就像蛋糕一样，每一种都有自己的独特味道。抽象后的形式完整地保留了纯粹的情感和记忆。

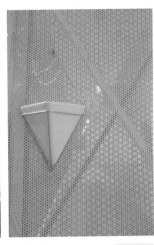

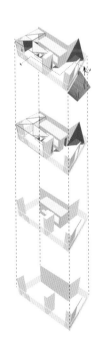

分析图

三角形重复出现作为一个统一元素将整体空间手法和结构一体化。金属穿孔板、乳胶漆、木饰面，不同材质的三角形解构组合，将三维空间联结为一体同时增加视觉记忆性。"看见三角形就会自然想起 AN Cake！"

整体色彩以白色基调为主，干净通透，
不同材质的白色富有层次和变化。芬兰绿
的色调是主人喜欢的色彩，如同安小姐的
性格平静舒服。

符号的记忆是永久的，白色的情感是多层
次又回味无穷的。所以 AN Cake 空间是
简单又有符号感的永恒记忆……

设计：文森特·埃沙利耶工作室（Studio Vincent Eschalier）
地点：法国 巴黎

如何运用高端材料打造淡雅空间

Kanoun 烘焙坊

设计观点

- 充分利用材质特性与表现效果
- 赋予空间独特个性

主要材料

- 卡拉拉大理石、玻璃、黄铜

平面图

1. 柜台
2. 厨房
3. 座区

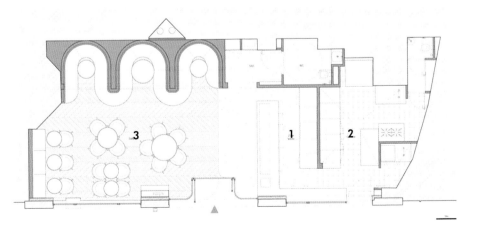

157

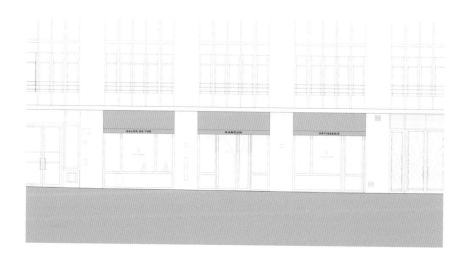

立面图

背景

店铺位于巴黎市中心新建的一栋建筑中，是一处放松休闲场所。设计师通过使用高贵的材料，如卡拉拉大理石和镀金镜子，营造出强烈的空间个性。

设计理念

这家店的设计围绕着主人的要求而展开，即打造一个现代气息和精致韵味并存的烘焙空间，为东方风格的糕点提供恰当的氛围。

设计的目标是实现一个淡雅、精致的室内空间，在装饰上不做任何炫耀，根据要求选择高品质的材料。

入口处红砖柱子之间的巨大的凸窗散发出一种平静而明亮的氛围。深蓝色和金色的黄铜细节似乎在邀请路人穿过藏在两块华丽的弧形玻璃窗之间的大门。厨房是可见的，并向街道开放，以吸引行人。

为突出空间特色，设计师特别定制了各种各样的家具，包括可丽耐材质和轻质混凝土圆桌，以及切合凹形空间结构的长凳。在这三个凹形空间内，白色墙壁展示了艺术家 Boris Deltchev 用黑色线条设计的植物图案，别具特色。

设计：罕创设计事务（www.hcreates.design）

地点：中国 上海

摄影：郭易

如何设计一个精致的烘焙空间

Luneurs Boulanger + Glacier 烘焙店

设计观点

• 凸显细节

• 注重空间色调

主要材料

• 水磨石、黄铜

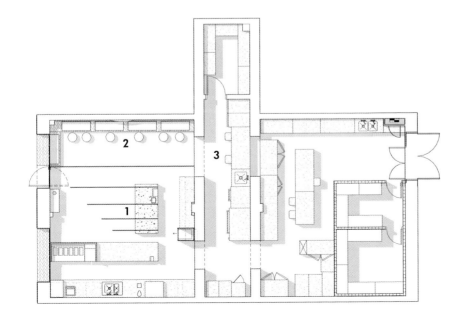

平面图

1. 陈列柜台
2. 座区
3. 制作区

背景

Luneurs Boulanger + Glacier 位于上海的一条繁闹的人行小街。Luneurs 的门店包括一个位于后方的现场制作的烘培区以及前方的零售空间。

设计理念

可见的后厨工作空间满足了顾客与烘培工序的视觉互动。商店的零售空间紧凑温馨，传统的粗质元素与现代的光滑平面相结合。烘培糕点的展示区包括墙挂式的更传统的展示架和放有"明星产品"的展示台。

金色的亮点包括：墙面上的巨大金色凸面镜，寓意 luneur/ 明月的同时也为室内空间增添一分高级感；简洁的线条和仿古的纹理延伸至墙面、地面和天花。水磨石地板，嵌入花费几日纯手工制作的一块块的黄铜条带，延续着金色的线条。设计上对于细节的关注与把控同样体现在对冰激凌和烘焙制品的制作工艺的热情和品质上。

设计：BERGMAN & CO. 联合设计事务所

地点： 澳大利亚 墨尔本

摄影师：尼科尔·英格兰德

如何在喧嚣的商场中打造一处绿洲

乡村面包坊

设计观点

- 营造恬静整洁的空间氛围
- 恰当运用灯光与色彩

主要材料

- 乙烯

平面图

1. 室外就餐区
2. 柜台
3. 外带等候区
4. 吧凳座区
5. 室内就餐区

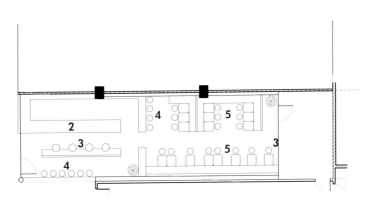

背景

这是墨尔本地区最成功且最受欢迎的面包咖啡馆之一,因此设计师非常荣幸能够为其更换全新的形象。该品牌每家店都以供应现烤面包、糕点及新鲜菜肴为特色,且每家都拥有自身的特色。

设计理念

店面选址在繁华的墨尔本中央购物中心,这里也是现代生活方式的核心区。因此,主要设计目标是在喧嚣的背景下营造一处恬淡的都市绿洲,并通过对色彩以及照明方式的巧妙运用实现简约风格的空间。

圆形整体式柜台无疑作为整个室内空间的
特色，从入口窗台处一直延伸到深处，欢
迎着每一位到来的食客。当然这里更是美
食中心，冷静地担任着"指挥者"的角色。

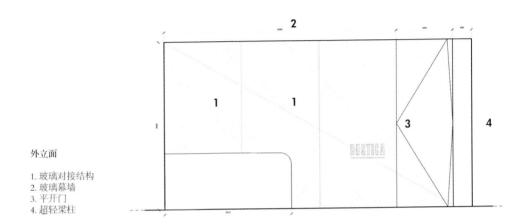

外立面

1. 玻璃对接结构
2. 玻璃幕墙
3. 平开门
4. 超轻梁柱

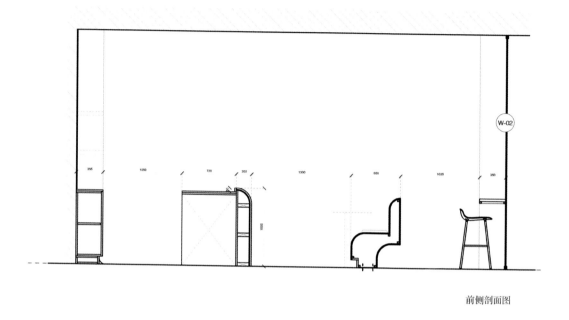

前侧剖面图

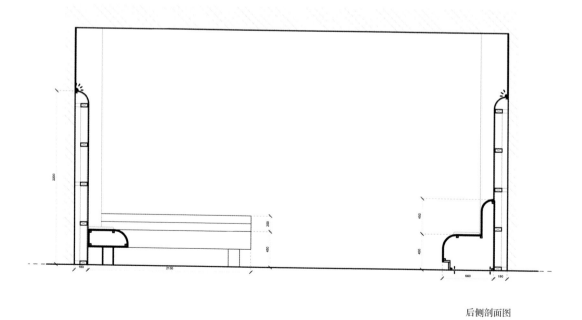

后侧剖面图

明亮、嘈杂、五颜六色是购物中心这一背景的主要特色，为此设计师专门选用了柔和的肉粉色调并刻意缩减颜色种类，从而营造出安静恬淡的店内氛围。在整体环境对比之下，效果更为明显。为进一步加强温和的空间形象，设计师摒弃了尖角形状的设计，全部采用曲线代替，包括桌椅、墙裙上的装饰线条以及灯饰等。同时，材料的选用上以能打造柔和、平坦的效果为主，为此选择了奶油色的乙烯。

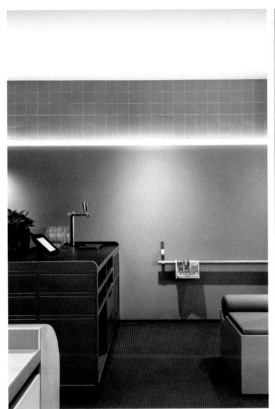

175

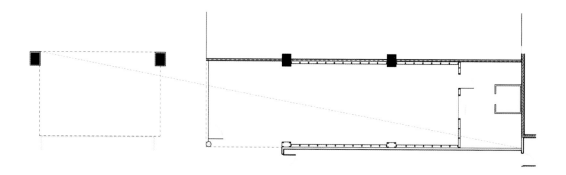

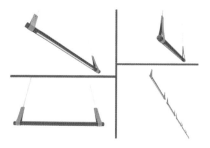

如何运用照明是营造空间氛围的又一关键
元素。在这里，设计师避开刺眼的顶部照
明方式，巧妙地选择了壁灯，其投射出柔
和的光线，增添了恬淡的气息。

设计：乔安娜·拉杰斯托工作室
地点：荷兰 赫尔辛基

95m²

如何在面包坊和酒吧的功能之间实现自由切换

途径面包坊与酒吧

设计观点

- 打造极简风格
- 突出材质和品质

主要材料

- 砖石、灰泥、钢材、大理石

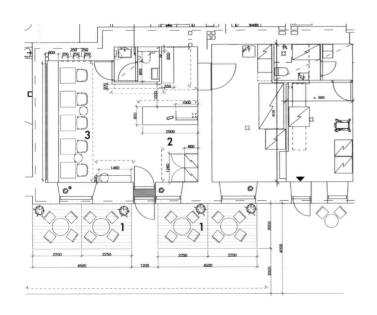

平面图

1. 室外座区
2. 柜台
3. 就餐区

背景

2018 年 9 月底，一家全新的面包坊和酒吧在赫尔辛基卡利奥区开业。面包坊营业时间为 7：30 至 16：00，供应面包和糕点，可在餐厅享用，也可外带。 而到深夜，这里将转换成酒吧，供应天然葡萄酒和季节性的菜肴以及斯堪的纳维亚和南欧最好的有机食材。

设计理念

设计师为其打造了全新的设计理念，即打造极简风格的空间，让高品质食物及食材成为这里的主角。

这里曾经是一家牙科诊所，原有的乙烯地面以及低垂的天花需要全面修复，以还原出砖石灰泥所构造的天然自然之感。最终，设计师创造了一个简约的室内空间，但同时重点突出，特色十足。

专门用于厨房的不锈钢柜台用于陈列食品及准备餐点，定制的白蜡木结构增添了自然气息，同时完善了天然高品质的哲学理念。

瓷砖地板上的砖红色和奶油色图案为空间
带来了质感和温暖的气息，同时也实现了
对原始建筑的致敬（其可追溯至1910年）。
大理石桌面呈现丰富的紫色纹理，为创意
菜肴提供了完美背景。

设计：Solo 建筑事务所
地点：巴西 巴拉那
摄影：爱德华·马卡里奥斯

如何打造一个居家般空间氛围

曲奇故事

设计观点

- 营造温馨气息
- 注重服务

主要材料

- 木材

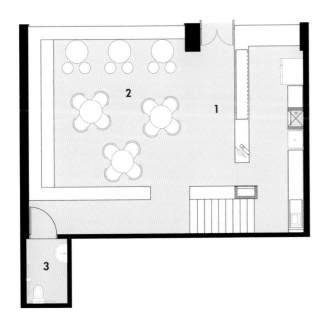

平面图

1. 柜台
2. 就餐区
3. 卫生间

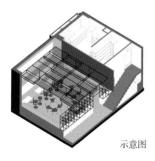

示意图

背景

曲奇故事的第一家实体店面是伴随着品牌新形象的诞生而来，旨在提供一个既能彰显品牌新特色，又能充分服务顾客的全新空间。

店面选址在库里蒂巴的 Moyses Marcondes 大街，原有空间破败不堪，因此需要进行全方位的整改，以满足空间的新功能。

设计理念

该项目的设计宗旨即为营造简约温馨的氛围，能够满足多样化的顾客需求。设计师从改变入口位置开始——将原来位于店面右侧的入口移到靠近中心的位置。这一简单的做法不仅重新确立了空间功能（柜台与休息）的分区，更为顾客带来了与众不同的感觉。顾客进门之后，首先会将注意力集中到柜台一侧，但转身之后就会看到温馨的休息座区，忍不住要坐下来歇息片刻。

材质选择以简约色彩和简单种类为基础，增添了清新的气息。同时，木材的运用又为空间注入了温馨的感觉。值得一提的是，位于休息区后侧的木质书架，既用作卫生间和厨房的分割结构，又兼具装饰和产品陈列功能。

休息区内风格随意，活力十足，为顾客提供了三种座位选择，即矮桌区、高桌区和自由组合区。整个空间犹如一个大的客厅一般，欢迎着每一位顾客的到来。

设计：lamatilde 设计工作室
地点：意大利 都灵
摄影：PEPE 摄影工作室

100m²

如何以全新的方式诠释传统装饰风格
Gaudenti 1971 烘焙空间

设计观点
- 运用对比手法
- 尊重空间原有状态

主要材料
- 马赛克、木材

平面图

1. 柜台
2. 座区
3. 厨房

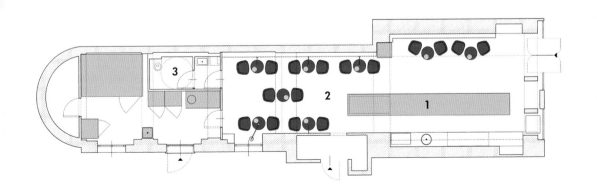

背景

这是一家代表新形式的烘焙空间，将小型意大利精致糕点店与大型国际化面包店结合在一起，重新定义了一个空间的起点，以传达对意大利文化的传统价值观的尊重和对创新的强烈推崇。

设计理念

设计师对现有元素进行翻新，并将其系统地整合到新的装饰中。 虽然为每个区域设计了不同的图形图案，对历史装饰风格进行了全新的诠释，但天鹅绒和蓝色木材的一致使用确保了品牌的识别性。

示意图

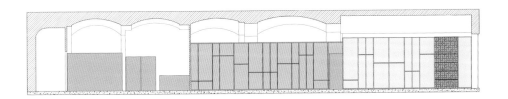

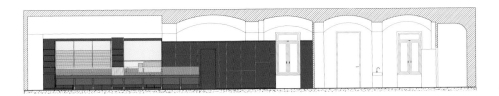

立面图

设计的第一阶段将空间恢复到原来的布局：拆除不必要的墙壁以显示其纵向轮廓，并且重现拱顶天花结构。空间被完全重新设计，诠释了第一个 Gaudenti 特有的历史遗产。 由于墙壁上没有原始镶板，因此使用的几何图案与拱顶天花板形成鲜明对比。镜子的使用在视觉上扩大了空间。蓝色与黄色色调平衡，温暖而优雅。

设计：ReMa 建筑师事务所（www.rema.co.il）
地点：以色列 哈得拉
摄影：阿米特·霍斯赫

100m²

如何通过空间设计凸显品牌价值

欧普拉面包坊

设计观点

● 巧妙运用陈列手法
● 创造视觉焦点

主要材料

● 混凝土、瓷砖、木材、金属

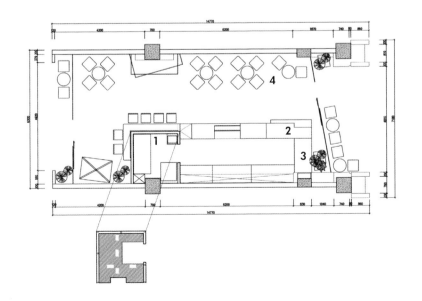

平面图

1. 服务吧台
2. 收银台
3. 存储
4. 座区

背景

这是位于哈得拉主要街道上的一家精品面包坊，也是"三个面包师"（Three Bakers）品牌旗下的第一家实体店。

设计理念

这一项目的设计目标是打造一个能够突出品牌食物的独特性与高品质的空间，实现新与旧、简约与繁复的完美融合。

设计师运用较大的橱窗来展示店内的产品，实现了内部建筑手法的外部表达，旨在吸引路人的眼球，从而增加入店的几率。而进入店内，首先映入眼帘的便是一个通透的陈列结构，上面摆放着诱人的产品。此外，厨房和销售区之间通过硕大的窗户隔开，但可以窥见厨房内面包师忙碌的场景。

空间中央，大型岛台结构成了视觉焦点。高大的梁柱结构乍看上去犹如障碍一般，但实则整合到整体规划中，而且是不可或缺的部分。金色网格天花悬垂在空间正中的上方，营造视觉高度的同时，更打造了一处宁静场所，并成功地模糊了不同梁柱之间的高度差。

剖面图

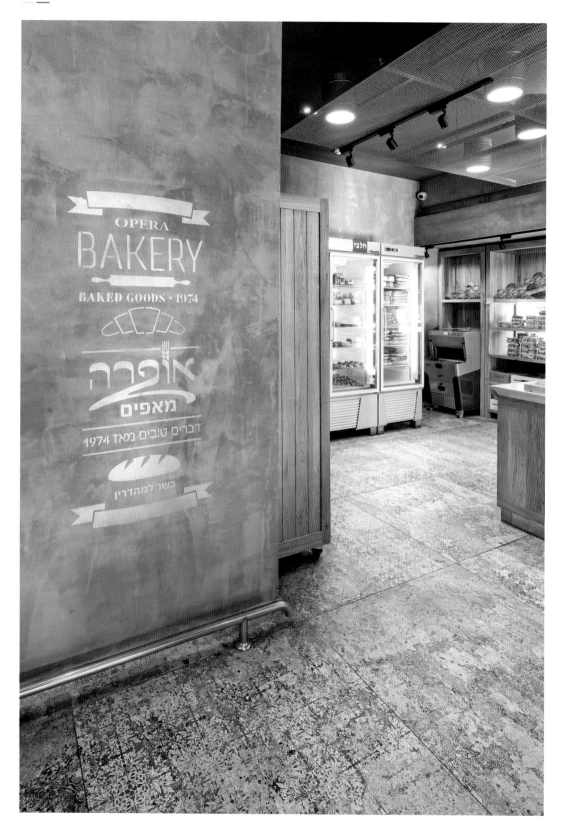

空间内部采用简洁的线条设计，经典风格的木作和现代元素共存，营造出新旧融合的景象。冲刷的瓷砖，蓝色和绿松石固有的精致色彩，天花板和灯光中的金色色调，共同营造出浪漫的氛围，而混凝土的墙壁则带来另一种气息。

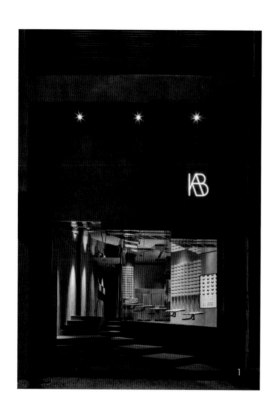

三面临街型店面在设计之前需仔细考察其所处位置特征，并观察客流走向，以正确确定入口位置。空间整体布局规划中，由于出入口大门的开启以及必要的通道会占用较大面积，因此最好使用单向开门方法，从而增加卖场面积。临近玻璃窗的位置可以放置促销展架、蛋糕橱窗等，方便向路人展示店内的产品及特色，从而达到吸引顾客进店的效果。

正面较窄型店铺，其正面常见宽度约为 3 米至 6 米，纵深约 6 米至 15 米，整体空间呈现狭长造型。由于店铺外立面较窄，因此在 LOGO、材质以及灯光设计上要尽量醒目，已达到吸引眼球的作用。店内空间布局上，建议在两侧墙壁上布置边柜或者陈列柜，选择玻璃及不锈钢材质，或打造个性造型结构，从而增强视觉面积。（图 1、图 2）

正面较宽型店铺通常情况下，其横向长度可达 10 米至 15 米，这种也是烘焙店最佳户型。由于门面宽度足够，因此店面标识可以设计得更加直观及醒目。同时，如果玻璃窗较大，不仅通透性强，还可以轻易向路人展

随着经济水平的提高，大众对生活品质的要求也越来越高。在烘焙行业方面，人们对烘焙食品的品质要求也越来越高，除烘焙食品的质量、服务、营销等因素，烘焙店空间及环境设计的重要性不断提升，如何将客人吸引到店内，仅是成功道路上的第一步。而对于小型烘焙店来说，如何通过巧妙的设计合理打造高品质的空间氛围是设计师和小店店主尤为关注的方面。

店面设计

烘焙店中较为常见的三种店铺结构为三面临街型、正面较窄型以及正面较宽型。不同店面结构其在店面设计以及空间布局上存在一定差异，以下要点及技巧可供参考。

示店内的形象。在空间布局上，可以灵活安排陈列区、外卖窗口、厨房、休闲区等功能空间，同时在空间动线以及氛围营造上也具有相对的优势。（图3）

空间布局

除特殊情况外，烘焙店主要由三个空间构成，即烘焙产品空间、店员空间及顾客空间。根据店内产品数量、种类及销售方式等，通常情况下，可将三个空间有机结合，从而形成烘焙空间格局较为常见的四种形态。

1. 接触型烘焙店。烘焙产品陈列空间毗邻街道，顾客在街道上购买产品，店员在店内进行服务，通过烘焙产品空间将顾客与店员分离。

2. 封闭型烘焙店。烘焙产品空间、顾客空间和店员空间全部在店内，烘焙产品空间将顾客空间和店员空间隔开。（图4）

3. 封闭、环游型烘焙店。三个空间皆在店内，顾客可以自由、漫游式地选择烘焙产品，实际上是开架销售。店员空间是否固定可根据实际情况决定。（图5）

4. 接触、封闭、环游型烘焙店。在封闭、环游型烘焙店中加上接触型的商品空间，即顾客拥有店内和店外两种空间，其也包括店员空间和无店员空间两种形态。

小技巧

烘焙店具体包含许多区域，比如裱花区、收银台、休闲区、展示区、现烤区等，如要空间感更强烈一些，比较合理的方式是把展示区放在最醒目的位置，里面放休闲区供顾客休息，收银台挨着休闲区，便于收费和宣传新产品，而裱花区和现烤区等制作区，放在最里面。一定要注意的是保持每个区的相关独立性和关联性，还有通风和采光必须合理搭配，让顾客感觉到舒适方便。

通道布局

顾客通道设计的科学与否直接影响顾客的合理流动，一般来说，通道设计有以下几种形式，直线式又称格子式，是指所有的柜台设备在摆布时互成直角，构成曲径通道；斜线式，这种通道的优点在于它能使顾客随意浏览，气氛活跃，易使顾客看到更多产品，增加更多购买机会；自由滚动式，这种布局是根据产品和设备特点而形成的各种不同组合，或独立，或聚合，没有固定或专设的布局形式，销售形式也不固定。

空间设计

天花

天花可以创造出室内的美感，而且还与空间结构、灯光照明相配合，从而形成宜人的购物环境。在天花设计时，要考虑到天花板的材料、颜色、高度，特别值得注意的是天花板的颜色。天花板设计建议突出现代化感觉，并且能表现个人魅力，注重整体搭配，使色彩的优雅感显露无疑。同时，还需考虑烘焙店目标顾客人群的特征，例如以年轻的职业女性为主，则应选择整洁、清新、柔和的颜色，如果以年轻高职男性为主，则应以使用原色等较淡的色彩为宜。（图6）

墙壁

墙壁毋庸置疑是空间重要组成部分，设计主要包括墙

面装饰材料和颜色的选择，以及壁面的利用。烘焙店的墙壁设计应与陈列产品的色彩内容相协调，同时还应与店内的环境、形象相适应。（图7）

地面

地面设计主要有地面装饰材料和颜色的选择，也包括地面图形设计。（图8）

色彩设计

在烘焙店的氛围设计中，颜色的合理使用与搭配具有普遍意义。色彩与环境，与产品搭配是否协调，对顾客的购物心理有着重要影响。选择店铺色调时一定要符合自身特点及用户、产品定位，能与之契合，体现店铺的品牌文化。

主题色是店铺整体空间中着墨最多的颜色，其配色就要与蛋糕店的风格相协调，不浮不躁，不喧宾夺主。能够注意冷暖、明暗等方面的对比，使空间有一定的节奏感。在选择配色时，颜色种类不宜过多，否则让人觉得没有方向、没有侧重感。许多烘焙店会采用轻松明快的暖色调，以带来温暖舒适的愉悦感，让人很放松。而有些店则采用黑色等比较冷门的颜色作为店铺的主色调，这样可以突出店铺高端大气的感觉，适合追求时尚品位的年轻人。最重要的一点，很多烘焙店都会忽略，店铺色彩要与展柜色彩搭配协调，避免造成突兀感。（图 9、图 10）

小技巧

根据经营理念和主题风格做个色彩定位，可选用两到三种颜色作为店面的主色调。当然也有不同的操作方式，比如装修材料的不同来突出店面的整体视觉冲击，如结合现代感，多采用玻璃、不锈钢、金属等材料，也可以用偏淡一点的色彩元素作为主色调，传统的蛋糕店则多以暖色调为主来装饰自己，比如黄色、橙色、红色等等。

结合自身经营理念来设计烘焙店的色彩搭配，比如展柜可以选用天然白橡木，地面仿古代的青砖，墙面为古代的红墙，店面整体色调以淡雅为主的自然风，使店面空间感更强，更能散发自己的独特魅力。色彩必须合理搭配，别让顾客感到气闷或者不舒服。突出蛋糕店的整体空间感，最强烈的装修对比为黑白色彩元素，以都市风情壁画的小配饰做点缀，更能体现出一种休闲的都市家居风格。

氛围设计

引人注目的空间设计往往能够起到将顾客引入店内的作用，但如若要使其产生购买冲动，独特的烘焙氛围显得至关重要。那么，店内可以从光线、颜色、声音、气味等方面出发，让那些潜在顾客产生购买欲望。

灯光

灯光可以说是烘焙店设计的灵魂。好的装修设计，好的产品，如果缺少合适的灯光，同样会略差一筹，而显得逊色。烘焙店的灯光建议以暖色光源为主，并且亮度一定够，这样才能让产品变成焦点，从而增强顾客的食欲与购买欲。总之，店内照明得当，不仅可以渲染门店气氛，突出展示产品，增强陈列效果，还可以改善营业员的工作环境，提高工作效率。

烘焙店内，利用下照筒灯或漫透光的装饰灯具带来氛围照明，在展架和展柜区域则需要补充重点照明。分层展示的直立式展架为避免受光不均而在面包上产生阴影，一般采用隐蔽安装的柜内灯进行照明。柜内灯还特别适用于带玻璃罩的展柜，以避免天花上的光源由于玻璃反射而产生眩光。

大多数烘焙店内，都会有一处让食客安静享受美食的休闲区域。在这里需摒弃"咄咄逼人"的下照光，含蓄自然的漫透光或装饰灯更适于营造一种轻松舒适且不乏私密的氛围。当然客人们也愿意坐在这样安静的光环境中喝一杯咖啡，或品一块糕点。店内的个性与特色也可以通过造型别致的漫透灯具体现出来。

装饰饰面材质、色系的选择，对于客人的主观亮度体验也起着重要作用。例如可以在白色、浅色系为基调的室内空间，轻松打造均匀明亮的光环境。而在黑色、深色系、冷色调的室内饰面环境中，可以自如地制造戏剧化的空间。（图11、图12、图13）

小技巧

如要打造一个清新怡人的烘焙店，可以将其按区域划分为公共动线、陈列区、休闲区和收银区，并根据以下技巧进行照明设计。

• 按均匀布灯的方式为室内构建起均匀的基础照明，色温3000K
• 展架与展柜以柜内灯照明为主，保证每一层商品都不会被忽略，柜内灯的色温分开选择，1.5米高的面包展架2700K，而稍矮的冷鲜柜选择4000K
• 休闲区，建议选择卤素光源，温柔的光透过灯罩洒下来，无论食物还是享受食物的人，都看起来格外诱人
• 收银区是烘焙店的脸面，除了需要重点照明保证使用功能外，还可以利用洗墙照明为收银台的背景墙增添一抹亮色，同时记得立面照明是吸睛的法宝

11

声音

恰到好处的声音对烘焙店氛围设计能够产生积极的影响。在选择要播放的音乐时，注意合理搭配音乐的种类与时间。上班前，先播放几分钟优雅恬静的乐曲，然后再播放振奋精神的乐曲，效果较好。当员工紧张而感到疲劳时，可播放一些安抚性的轻音乐，以松弛神经。在临近营业结束时，播放的次数要频繁一些，乐曲要明快、热情，带有鼓舞色彩，使员工能全神贯注投入到全天最后也是最繁忙的工作中去。在顾客较多的时候，配以热情、节奏感强的音乐，会使顾客产生购买冲动。

海报

合理设计和张贴的海报对店内氛围营造同样能够起到重要作用，尤其是在各大节日来临的时期，张贴应景的产品海报、吊旗等可以将节日气氛烘托得更为热烈，让顾客感受到节日的喜悦氛围。在平常的日子里，也可以利用宣传海报营造不同的店铺氛围，例如可以将多张形态相同的海报悬挂在店内，形成店铺热卖的氛围。

精美的海报本身就是一幅装饰画，不同的色彩与文字排版，能够根据烘焙店的需要传达出或浪漫甜蜜、或亲切朴实、或健康时尚的感染力。

气味与通风设备

和声音一样，气味也有积极和消极的一面。店内气味是至关重要的。进入店中，有香香的面包气味或浓浓的咖啡味也会使顾客心情愉快，激起胃口刺激，从而产生购买欲望。

店内顾客流量大，空气极易污染，为了保证店内空气清新通畅，冷暖适宜，应采用空气净化措施，加强通风系统的建设，通风来源可分为自然通风和机械通风。采用自然通风可以节约能源，保证门店内适宜的空气，一般小型门店多采用这种通风方式。

空间装饰

一个成功的、有品质的烘焙店与多方面因素息息相关，除了合理的空间布局，恰倒好处地色彩与氛围，还需要软装饰的合理搭配。

烘焙店的软装饰主要包括家具、书画、绿植、瓷器、灯具、工艺品等，其在装修设计中承担着十分重要的角色。比如在产品展示区中心位置悬挂造型独特的灯饰，在墙面上设计几个搁板放精美的花卉或工艺品等。通过选择适合的软装饰品就能明显的柔化空间，给店内带来生机和温馨气息，从而能够达到吸引顾客的目的。(图14、图15)

陈列设计

抓住产品特点

烘焙产品种类繁多，每一款都有不同的大小和形状，所以针对不同特点的产品应该要有不同的摆列方式。像大件的和形状很花的产品，可以用简单整齐分类的摆列方式来体现这种美感，如果是小件单一的产品，那就可以用复杂精致的摆列增添活力。

注意色彩搭配

蛋糕店加盟行业和面包店加盟行业是一个强调色彩的世界，多姿多彩的美味效果更加令人喜欢，对于色彩单一的蛋糕和面包，就要利用其他装饰色彩来为产品衬托，突出产品。对于色彩本身就比较丰富的产品，就不用再增加色彩了，反而要低调一点。

巧妙利用堆积效果

堆积效果可以反映烘焙产品的档次。在蛋糕店加盟行业和面包店加盟行业，因为制作的材料和方法不同，会产生不同级别的蛋糕和面包，而烘焙店对不同档次的产品更要仔细区分。高档的要以控制数量来堆积，让消费者知道物以稀为贵，而简单的产品，在大量堆积的同时也要注意整齐。（图16~图19）

小技巧

要考虑不同产品区域的分布和造型陈列的设计，在追求个性与风格的时候要做好综合把握。不仅要方便人们的购物同时还要带给人们视觉上的享受，刺激人们的味蕾和消费欲望。

索引

图书在版编目（CIP）数据

小空间设计系列 II . 烘焙店 / （美）乔·金特里编 ；
李婵译 . — 沈阳：辽宁科学技术出版社，2020.5
ISBN 978-7-5591-1327-6

I . ①小… II . ①乔… ②李… III . ①烘焙－商店－
室内装饰设计 IV . ① TU247

中国版本图书馆 CIP 数据核字（2019）第 218339 号

出版发行：辽宁科学技术出版社
　　　　　（地址：沈阳市和平区十一纬路 25 号 邮编：110003）
印 刷 者：上海利丰雅高印刷有限公司
经 销 者：各地新华书店
幅面尺寸：170mm×240mm
印　　张：13.5
插　　页：4
字　　数：200 千字
出版时间：2020 年 5 月第 1 版
印刷时间：2020 年 5 月第 1 次印刷
责任编辑：鄢　格
封面设计：关木子
版式设计：关木子
责任校对：周　文

书　　号：ISBN 978-7-5591-1327-6
定　　价：98.00 元

联系电话：024-23280070
邮购热线：024-23284502
http://www.lnkj.com.cn